Sitzungsberichte
der Akademie der Wissenschaften
der DDR
Mathematik – Naturwissenschaften – Technik

13 N

1982

M. T. Rätzsch und H. Kehlen

Kontinuierliche Thermodynamik von Vielstoffgemischen

AKADEMIE-VERLAG · BERLIN

Sitzungsberichte
der Akademie der Wissenschaften
der DDR
Mathematik – Naturwissenschaften – Technik

Jahrgang 1982 · Nr. 13/N

M. T. Rätzsch und H. Kehlen

Kontinuierliche Thermodynamik von Vielstoffgemischen

AKADEMIE-VERLAG · BERLIN
1983

Vorträge vor der Klasse Chemie
vom 19. 3. 1981

Herausgegeben im Auftrage
des Präsidenten der Akademie
der Wissenschaften der DDR
von Vizepräsident Prof. Dr. Heinrich Scheel

ISSN 0138-3956
Erschienen im Akademie-Verlag, DDR-1086 Berlin, Leipziger Str. 3-4

Lizenznummer: 202 · 100/76/82
Gesamtherstellung: VEB Druckhaus Köthen
Bestellnummer: 7631491 (2010/82/13/N) · LSV 1215
Printed in GDR
DDR 3,– M

Inhalt

Margit T. Rätzsch und Horst Kehlen

Kontinuierliche Thermodynamik von Vielstoffgemischen

Unser Wissenschaftsbereich beschäftigt sich seit einer Reihe von Jahren mit der Thermodynamik von Polymerlösungen, wobei sich eine Kooperation mit dem VEB Leuna-Werke „Walter Ulbricht" ergab. Im Rahmen dieser Kooperation traten die Leuna-Werke mit folgendem Problem an uns heran: Die Hochdruck-Polymerisation des Ethylens erfolgt bei Temperaturen in der Größenordnung von 200–400 °C und bei Drücken von 150–300 MPa (etwa 1500 bis 3000 atm). Die Reaktionsmischung aus überkritischem Ethylen und darin gelöstem Polyethylen ist bei hohen Drücken homogen und zerfällt bei Druckerniedrigung in eine leichte ethylenreiche α-Phase und eine schwere polyethylenreiche β-Phase.

Während der Polymerisation muß gewährleistet sein, daß die Mischung homogen ist, da sonst durch Ablagerungen an der Wand und durch inhomogene Gebiete Wärmeflußstörungen – die Polymerisation ist relativ stark exotherm – und Qualitätsmängel im erzeugten Polymer-Endprodukt auftreten.

Da der Umsatz aus reaktionstechnischen Gründen 20–30% nicht überschreitet, muß nach der Reaktion das nicht umgesetzte Ethylen abgetrennt und im Kreislauf zurückgeführt werden. Das geschieht durch Druckerniedrigung, d.h. Entspannung des Reaktionsgemisches, wodurch der oben erwähnte Zerfall in 2 Phasen eintritt. Hierbei existiert eine Reihe von Problemen:

- Bei welchem Druck soll die Abscheidung erfolgen? Man hat zu optimieren zwischen möglichst vollständiger Polyethylenabscheidung (d.h. niedrigem Enddruck) und möglichst geringem Aufwand zur Wiederkompression des Ethylens (hoher Enddruck).
- Im rückgeführten Ethylen sind niedermolekulare Polyethylenspecies enthalten, die bei weiterer Druck- oder Temperaturerniedrigung zu unerwünschten Ablagerungen in Kompressoren und anderen Anlagenteilen führen.
- Die Molmassenverteilung des abgeschiedenen Polyethylens hängt vom Abscheidungsdruck und der Abscheidungstemperatur ab – das ist der sog. Fraktioniereffekt – und beeinflußt die Qualität des Endproduktes.

Zur optimalen Verfahrensführung benötigt man daher möglichst genaue Angaben über das Entmischungsverhalten in dem System aus überkritischem Ethylen und Polyethylen. Im einzelnen interessieren die folgenden Fragen:

- Unter welchen Bedingungen tritt Zerfall in 2 Phasen auf und unter welchen Bedingungen nicht?
- Wie groß ist der Polyethylengehalt der koexistierenden α- und β-Phase in Abhängigkeit von Druck, Temperatur, Gesamt-Polyethylengehalt und Molmasseverteilung des vorliegenden Polyethylens?
- Welche Molmasseverteilung besitzt das Polyethylen in den beiden koexistierenden Phasen in Abhängigkeit von den genannten Parametern?

Auf Grund der extremen Bedingungen sind experimentelle Untersuchungen schwierig, ungenau und nicht in dem gewünschten Ausmaß durchführbar. Somit ergab sich die Aufgabe, die genannten Fragen durch thermodynamische Berechnung zu klären. Wie diese Berechnungen durchzuführen sind, ist im Prinzip klar. Die Bedingung für das Phasengleichgewicht lautet:
„Die chemischen Potentiale müssen für alle vorhandenen Molekülarten in den beiden koexistierenden Phasen gleich sein":

$$\begin{aligned}
\mu_A^\alpha\,(T, P, X_A^\alpha, X_{B_1}^\alpha, \ldots X_{B_\omega}^\alpha) &= \mu_A^\beta(T, P, X_A^\beta, X_{B_1}^\beta, \ldots X_{B_\omega}^\beta)\\
\mu_{B_1}^\alpha(T, P, X_A^\alpha, X_{B_1}^\alpha, \ldots X_{B_\omega}^\alpha) &= \mu_{B_1}^\beta\,(T, P, X_A^\beta, X_{B_1}^\beta, \ldots X_{B_\omega}^\beta)\\
\vdots \qquad\qquad & \qquad \vdots\\
\mu_{B_\omega}^\alpha\,(T, P, X_A^\alpha, X_{B_1}^\alpha, \ldots X_{B_\omega}^\alpha) &= \mu_{B\omega}^\beta(T, P, X_A^\beta, X_{B_1}^\beta, \ldots X_{B_\omega}^\beta).
\end{aligned}$$

Hierbei bezeichnet A das Ethylen, B das Polyethylen, wobei die verschiedenen auftretenden Polyethylenspecies unterschiedlichen Polymerisationsgrades durch den zusätzlichen Index $1, \ldots \omega$ unterschieden sind. Die chemischen Potentiale hängen außer von Temperatur T und Druck P von den Molenbrüchen aller in der betreffenden Phase auftretenden Molekülarten ab. Für diese Abhängigkeit benötigt man einen konkreten Ansatz. Wir haben hierfür die molekularstatistische Modelltheorie von FLORY, ORWOLL und VRIJ verwendet, die für ein derartiges System aus unpolaren Komponenten recht gute Ergebnisse liefern sollte.

Bezieht man die Massen- bzw. Stoffmengenbilanzen für alle auftretenden Molekülarten ein, so hat man ein Gleichungssystem, aus dem bei Vorgabe von Temperatur, Druck, Gesamt-Polymergehalt und relativen Anteilen der einzelnen Polymerspecies (im nicht-entmischten System) die Molenbrüche X_A, $X_{B_1}, \ldots X_{B_\omega}$ für die α- und die β-Phase ermittelt und damit alle oben genannten Fragen beantwortet werden können.

Ein schwieriges Problem bei der Realisierung dieses Programmes, das in ganz gleicher Weise stets bei der thermodynamischen Behandlung der Entmischungserscheinungen von Polymerlösungen (die den theoretischen Hintergrund der Polymer-Fraktionierung bilden) auftritt, besteht in der Polymolekularität der Polymeren, in dem Vorhandensein einer sehr großen Zahl verschiedener Polymerspecies, die sich im Polymerisationsgrad und damit in der Molmasse unterscheiden. Wäre B ein einheitlicher Stoff, so bestünde das obige Gleichungssystem aus 2 Gleichungen und die Lösung würde keine großen Schwierigkeiten bereiten. Tatsächlich aber enthält das Polymere 1000 oder 2000 oder noch mehr Molekülarten unterschiedlicher Molmasse, so daß es sich um ein Gleichungssystem von 1000 oder noch mehr gekoppelten Gleichungen handelt. Und damit sind auch moderne Computer überfordert. Schon die Einspeicherung einer 1000×1000-Matrix würde ja 1 Million Speicherplätze erfordern.

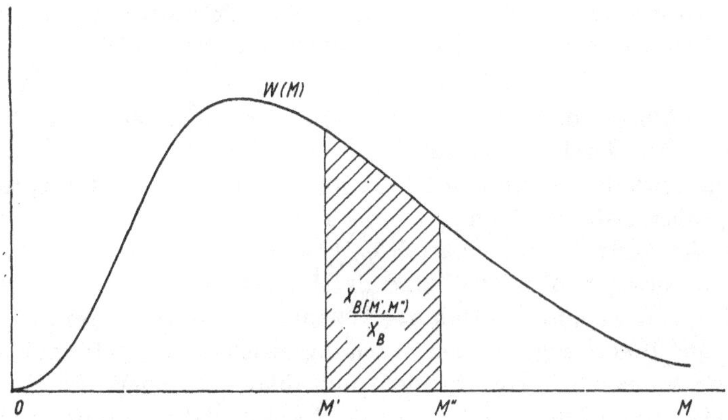

Abb. 1 Zusammenhang zwischen Verteilungsfunktion $W(M)$ und Molenbruch

Wie kann man diese Schwierigkeit überwinden? Wegen der Polymolekularität verwendet man in der Polymerenchemie zur Charakterisierung schon immer statt der Molenbrüche kontinuierliche Verteilungsfunktionen. Diese können auf verschiedene Weise definiert werden. In Abb. 1 ist eine Verteilungsfunktion $W(M)$ - wobei M die Molmasse bedeuten soll — dargestellt, die mit dem Molenbruch in der Beziehung

$$\frac{X_{B[M',M'')}}{X_B} = \int_{M'}^{M''} W(M)\, dM$$

steht. $X_{B[M',M'')}$ ist der Molenbruch aller Species des Polymeren B mit Molmassen zwischen M' und M'' (M' eingeschlossen, M'' ausgeschlossen) und X_B ist der Molenbruch aller Polymeren in der Mischung insgesamt. Der links stehende Quotient ist gleich dem schraffierten Flächenstück. Bei Integration über den gesamten Definitionsbereich von M erhält man Eins. Abb. 2 zeigt, wie man von der kontinuierlichen Verteilungsfunktion zu den für die thermodynamische Behandlung benötigten Molenbrüchen der einzelnen Polymerspecies kommt. Man grenzt um die Molmasse M_i der Polymermolekülart i ein

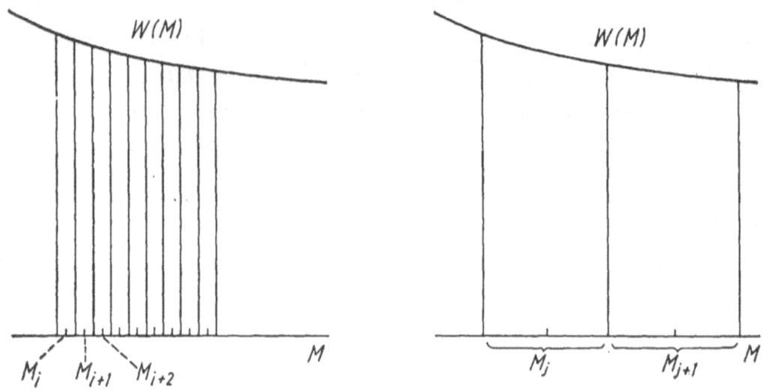

Abb. 2 Zur Pseudokomponentenmethode. Eine Anzahl von Molekülarten mit benachbarten Werten der Molmasse wird zu einer Pseudokomponente zusammengefaßt

Intervall ab, dessen Länge der Molmasse einer Monomereinheit entspricht; die zugehörige Fläche unter der Kurve ist dann gleich X_{Bi}/X_B.

Auf der rechten Seite der Abbildung ist dargestellt, wie man verfährt, um von der viel zu großen Zahl der Komponenten wegzukommen. Man faßt einfach eine gewisse Anzahl von benachbarten polymeren Molekülarten zu einer Pseudokomponente zusammen, schreibt ihr als Molmasse den Mittelwert für das betreffende Intervall zu und ermittelt den Molenbruch aus der entsprechend größeren Fläche. Die Berechnung des Entmischungsgleichgewichtes führt man dann nicht für die tatsächlich vorliegenden Molekülarten sondern für diese Pseudokomponenten durch, deren Zahl man so vorgibt, daß der numerische Aufwand in vertretbaren Grenzen bleibt. Dieses bisher einzig mögliche Verfahren hat 2 Nachteile:

- Die Ergebnisse hängen von der gewählten Zahl der Pseudokomponenten ab.
- Um einigermaßen realistische Ergebnisse zu erhalten, muß die Zahl der Pseudokomponenten relativ hoch gewählt werden, so daß der Rechenaufwand immer noch erheblich ist.

Hier setzt der Grundgedanke der kontinuierlichen Thermodynamik an: Wenn für die thermodynamische Behandlung die Intervall-Länge auf der M-Achse nicht an die wirkliche Intervall-Länge, d.h. die Molmasse einer Monomer-Einheit, gebunden ist, sondern diese Intervall-Länge im Sinne der Pseudokomponenten-Vorstellung auch größer gewählt werden kann, dann muß es auch möglich sein, sie kleiner zu wählen. Dann muß es insbesondere auch möglich sein, sie unendlich klein zu wählen; d.h. es muß möglich sein, das Polymere für die thermodynamische Behandlung als eine kontinuierliche Mannigfaltigkeit von Molekülarten aufzufassen, die sich in M beliebig wenig unterscheiden können, wobei von jeder Molekülart nur unendlich wenig vorhanden ist. Anders ausgedrückt: Bei der thermodynamischen Behandlung der Polymerlösungen existiert ein Widerspruch zwischen den thermodynamischen Gleichungen, die auf den Molenbrüchen der individuellen Komponenten basieren, und der Beschreibung der Zusammensetzung durch eine kontinuierliche Verteilungsfunktion. Das bisherige Verfahren löste den Widerspruch dadurch, daß es die kontinuierliche Verteilung mehr oder minder willkürlich in diskontinuierliche Teile zerlegte. Das Wesen der kontinuierlichen Thermodynamik besteht darin, den Widerspruch auf die entgegengesetzte Weise zu lösen, d.h. das Gebäude der Thermodynamik in eine Form zu bringen, die nicht auf den Molenbrüchen individueller Komponenten sondern auf einer kontinuierlichen Verteilungsfunktion basiert.

In der normalen (diskontinuierlichen) Thermodynamik kann eine beliebige thermodynamische Größe ζ (etwa das Volumen oder die Dichte oder die innere Energie oder die Entropie usw.) aufgefaßt werden als Funktion der Temperatur, des Druckes und der Stoffmengen der einzelnen Komponenten $n_1, \ldots n_\omega$.

$$\zeta = \zeta_{\text{dis}}(T, P, n_1, \ldots n_\omega).$$

Sind 1 bis ω sehr ähnliche Molekülarten einer Gesamtheit B, wie z.B. die Polymerspecies unterschiedlicher Molmasse, dann tritt im Falle der kontinuierlichen Beschreibung an die Stelle von $n_1, \ldots n_\omega$ die (extensive) Verteilungsfunktion $w(M)$:

$$\zeta = \zeta(T, P, w).$$

Sie steht zu den Stoffmengen n_i in demselben Zusammenhang wie das oben für die (intensive) Verteilungsfunktion $W(M)$ und die Molenbrüche skizziert wurde. Hier ist ζ eine Funktion bezüglich T und P; bezüglich w ist ζ aber ein *Funktional*. Während eine Funktion eine Zuordnungsvorschrift darstellt, die jedem Zahlenwert der unabhängigen Variablen eindeutig einen Zahlenwert der abhängigen Variablen zuordnet, ist ein Funktional eine Zuordnungsvorschrift, die jeder Funktion, die in unserem Falle für w eingesetzt wird, eine Zahl – nämlich ζ – zuschreibt.

Als einfaches Beispiel sei das Volumen v einer idealen Mischung betrachtet:

$$v = \int_M w(M)\, V_{B^*}(M, T, P)\, dM.$$

Es handelt sich um ein bestimmtes Integral über den gesamten Definitionsbereich von M. Im Integranden stehen die Verteilungsfunktion $w(M)$ und das Molvolumen V_{B^*} der reinen Molekülart mit der Molmasse M. Der Wert von v hängt davon ab, welche Verteilungsfunktion w im konkreten Falle einzusetzen ist. v hängt nicht von M ab; denn M ist Integrationsvariable und durchläuft den gesamten Definitionsbereich. Das diskontinuierliche Analogon lautet:

$$v = \sum_i n_i\, V_{B_i^*}(T, P).$$

In der kontinuierlichen Thermodynamik treten an die Stelle von Funktionen bezüglich Stoffmengen oder Molenbrüchen der Komponenten Funktionale bezüglich der extensiven oder intensiven Verteilungsfunktion. Die mathematische Disziplin, die hier heranzuziehen ist, ist das moderne Gebiet der Funktionalanalysis.

Eines der Hauptprobleme, die hier zu lösen waren, ist das der Differentiation. In der Thermodynamik spielen die partiellen molaren Größen eine zentrale Rolle - das chemische Potential kann als partielle molare freie Enthalpie aufgefaßt werden - und diese partiellen molaren Größen ergeben sich durch Ableitung einer extensiven Größe nach der Stoffmenge einer Komponente (bei Konstanz von T und P). Das bedeutet im kontinuierlichen Fall, daß nach der Verteilungsfunktion w zu differenzieren ist, und zwar an einer ganz bestimmten Stelle M. Dabei muß die Differentiationsvorschrift so beschaffen sein, daß sie der normalen Differentiation im diskontinuierlichen Falle entspricht. Bei der normalen Differentiation wird die unabhängige Variable n_i um einen gewissen Betrag Δn_i geändert und dann ermittelt, um welchen Betrag $\Delta\zeta$ sich dabei die abhängige Variable ζ ändert, woran sich dann der Grenzübergang $\Delta n_i \to 0$ anschließt. Dementsprechend hat man hier die unabhängige Funktion w zu ändern, und zwar an der Stelle M. Wir machen das so, daß wir in einem Intervall der Länge ΔM bei M die Funktion um den konstanten Betrag Δw erhöhen, so daß die variierte Funktion lautet

$$\tilde{w}(M') = \begin{cases} w(M') + \Delta w; & M' \in [M, M + \Delta M) \\ w(M'); & \text{anderenfalls} \end{cases}$$

In Abb. 3 ist das graphisch dargestellt.
Die Ableitung wird dann definiert durch

$$\frac{\partial \zeta}{\partial n_M} = \lim_{\substack{\Delta w \to 0 \\ \Delta M \to 0}} \frac{\zeta(T, P, \tilde{w}) - \zeta(T, P, w)}{\Delta w \Delta M}$$

Das heißt, man betrachtet ζ für die variierte Funktion $\tilde{w}$ und für die unvariierte Funktion w, dividiert die Differenz durch den Flächenzuwachs $\Delta w \Delta M$ und bildet dann den Doppel-Limes für $\Delta w \to 0, \Delta M \to 0$. Das Symbol auf der linken Seite wurde aus Dimensionsgründen gewählt.

Für die praktische Anwendung liegen die Dinge analog wie bei der gewöhnlichen Differentiation: Man muß nicht jedes Mal die definierende Grenzwertformel heranziehen, sondern kann nach einfachen formalen Differentiationsregeln vorgehen. Diese lauten hier:

- Ein bestimmtes Integral (mit festen Grenzen) wird abgeleitet, indem man den Integranden ableitet.
- Die Ableitung des Integranden nach der Funktion w erfolgt nach den üblichen Differentiationsregeln.
- Die Ableitung der Funktion $w(M')$ nach n_M ergibt die Dirac-Funktion:

$$\frac{\partial w(M')}{\partial n_M} = \delta(M' - M).$$

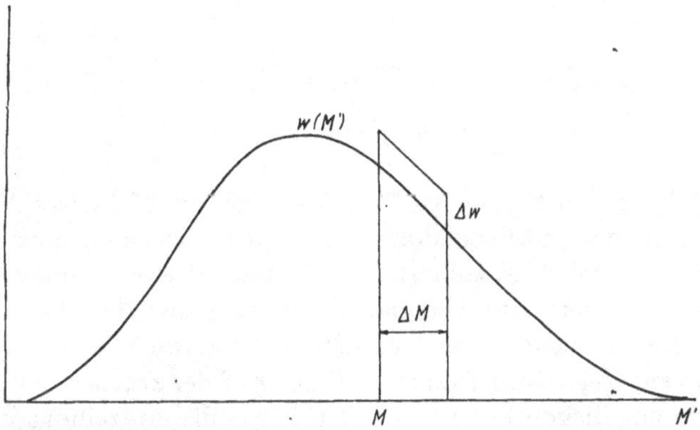

Abb. 3 Variation der extensiven Verteilungsfunktion $w(M)$ zur Bildung der Ableitung

Die Diracfunktion ist gleich Null für $M' \neq M$ und geht für $M' = M$ so stark gegen ∞, daß das Integral darüber Eins ergibt. Man kann sich das so vorstellen, daß eine Gaußsche Glocken-Kurve bei Konstanz der Fläche unter der Kurve immer schmaler und höher wird.

Am Beispiel des Volumens einer idealen Mischung sei gezeigt, wie mit diesen Differentiationsregeln zu arbeiten ist:

$$v = \int_{M'} w(M')\, V_{B^*}(M', T, P)\, dM'$$

$$\frac{\partial v}{\partial n_M} = \int_{M'} \frac{\partial w(M')}{\partial n_M} V_{B^*}(M', T, P)\, dM'$$

$$= \int_{M'} \delta(M' - M)\, V_{B^*}(M', T, P)\, dM'$$

$$= V_{B^*}(M, T, P)$$

Nach der 1. Regel ist der Integrand zu differenzieren. Da w hier nur als Faktor auftritt, betrifft die Differentiation nach der 2. Regel nur diesen Faktor, was nach der 3. Regel auf die Dirac-Funktion führt. Nach der Definition dieser Funktion ist der Integrand für $M' \neq M$ gleich Null, so daß ein Beitrag zum Integral nur von $M' = M$ resultiert. Das heißt man kann $V_{B^*}(M', T, P)$ mit der Substitution $M' \Rightarrow M$ vor das Integral schreiben und das verbleibende Integral ergibt - wieder nach der Definition der Dirac-Funktion - Eins, so daß man als Ergebnis $V_{B^*}(M, T, P)$ erhält.

Aufbauend auf diesen Resultaten gelang es, eine kontinuierliche Version des gesamten Gebäudes der Thermodynamik zu entwickeln, die bei Übergang zu einer diskontinuierlichen Verteilung in die bekannte Thermodynamik übergeht. Hier sollen nur die Beziehungen für die wichtigsten Größen angegeben werden. (Ausführlichere Darstellungen finden sich in [1, 2]).

Die Gleichung für das chemische Potential lautet in der kontinuierlichen

Thermodynamik

$$\mu_B(M, T, P, W) = \mu^0_{B*}(M, T, P) + RT \ln W(M) + RT \ln f_B(M, T, P, W).$$

Das chemische Potential hängt (in Form einer Funktion) von der Molmasse M ab, die der Charakterisierung der einzelnen Molekülarten dient. Die kontinuierliche Variable M tritt an die Stelle des zusätzlichen Charakterisierungsindex i ($i = 1, \ldots, \omega$) in der diskontinuierlichen Theorie. Außerdem hängt das chemische Potential (in Form einer Funktion) von T und P und (in Form eines Funktionals) von der (intensiven) Verteilungsfunktion W ab. Auf der rechten Seite finden wir – in Analogie zur diskontinuierlichen Theorie – die Aufteilung in einen konzentrationsunabhängigen – d.h. von W unabhängigen – Bezugsterm μ^0_{B*}, einen idealen Mischungsterm RT ln $W(M)$ – in Analogie zu $RT \ln X_i$ – und den Term RT ln f_B, der die Abweichung vom idealen Mischungsverhalten beschreibt. Der Aktivitätskoeffizient f_B hängt wieder von der kontinuierlichen Charakterisierungsvariablen M ab – statt von dem diskontinuierlich veränderlichen Index i –, von T und P und (in Form eines Funktionals) von W.

Da das chemische Potential mit der partiellen molaren freien Enthalpie identisch ist, ergibt sich für die molare freie Enthalpie G

$$G(T, P, W) = \int_M W(M)\, \mu_B(M, T, P, W)\, dM.$$

Die entsprechende Beziehung in der diskontinuierlichen Theorie lautet

$$G(T, P, X) = \sum_i X_i \mu_i(T, P, X)$$

X bezeichnet hier die Gesamtheit aller Molenbrüche. Durch Einsetzen der oben diskutierten Beziehung für das chemische Potential erhält man im kontinuierlichen Falle

$$G(T, P, W) = \int_M W(M)\, \mu^0_{B*}(M, T, P)\, dM + RT \int_M W(M) \ln W(M)\, dM + RT \int_M W(M) \ln f_B(M, T, P, W)\, dM.$$

Die molare freie Exzeßenthalpie G_E stellt den Überschuß gegenüber dem Idealwert dar und ist daher mit dem letzten Term identisch:

$$G_E(T, P, W) = G - G^{id} = RT \int_M W(M) \ln f_B(M, T, P, W)\, dM$$

Die molare Entropie ergibt sich als negative Ableitung von G nach der Temperatur

$$S(T,P,W) = -\frac{\partial G(T,P,W)}{\partial T} = \int_M W(M)\, S_B\,(M,T,P,W)\, dM$$

$$= \int_M W(M)\, S^0_{B*}(M,T,P)\, dM - R\int_M W(M) \ln W(M)\, dM$$

$$- R\int_M W(M) \ln f_B\,(M,T,P,W)\, dM$$

$$- RT \cdot \int_M W\,(M) \frac{\partial \ln f_B\,(M,T,P,W)}{\partial T} dM.$$

Nach dem Satz von Schwarz ist die partielle molare Entropie $S_B(M)$ gegeben durch

$$S_B(M,T,P,W) = \frac{\partial s\,(T,P,w)}{\partial n_M} = -\frac{\partial \mu_B(M,T,P,W)}{\partial T}$$

Entsprechend ist S^0_{B*} gegeben durch

$$S^0_{B*}(M,T,P) = -\frac{\partial \mu^0_{B*}(M,T,P)}{\partial T}.$$

Für das molare Volumen gilt in ähnlicher Weise

$$V(T,P,W) = \frac{\partial G(T,P,W)}{\partial P} = \int_M W(M)\, V_B(M,T,P,W)\, dM$$

$$= \int_M W(M)\, V_{B*}\,(M,T,P)\, dM$$

$$+ RT \cdot \int_M W(M) \frac{\partial \ln f_B\,(M,T,P,W)}{\partial P} dM$$

wobei das partielle molare Volumen $V_B(M)$ gegeben ist durch

$$V_B\,(M,T,P,W) = \frac{\partial v\,(T,P,w)}{\partial n_M} = \frac{\partial \mu_B\,(M,T,P,W)}{\partial P}$$

Der Vergleich mit den bekannten Formeln der diskontinuierlichen Theorie zeigt, daß hier statt der Molenbrüche überall die (intensive) Verteilungsfunktion W auftritt, und statt der Summen findet man hier Integrale.

Auch die Phasengleichgewichte lassen sich auf dieser Basis behandeln und damit kommen wir zu dem eingangs betrachteten Problem der Entmischung im System Ethylen + Polyethylen zurück. Im Rahmen der kontinuierlichen Thermodynamik lautet die Phasengleichgewichtsbedingung

$$\mu^\alpha_A\,(T,P,X^\alpha_A,X^\alpha_B\, W^\alpha) = \mu^\beta_A\,(T,P,X^\beta_A,X^\beta_B W^\beta)$$

$$\mu^\alpha_B\,(M,T,P,X^\alpha_A,X^\alpha_B W^\alpha) = \mu^\beta_B(M,T,P,X^\beta_A,X^\beta_B W^\beta);\; M \in [M_a, M_b).$$

Die zweite Gleichung muß für alle M-Werte im auftretenden M-Bereich, dessen Grenzen hier mit M_a und M_b bezeichnet sind, gelten. Sie tritt an die Stelle der vielen Gleichungen für die individuellen Species im diskontinuierlichen Falle. Die Durchführung der Phasengleichgewichtsberechnungen auf kontinuierlicher Basis verkürzt die Rechenzeit auf 1/10, was eine erhebliche Kosteneinsparung bedeutet. Das rührt im wesentlichen daher, daß statt der Summen hier Integrale auftreten, die nach günstigen numerischen Integrationsformeln berechnet werden können.

Die praktischen Anwendungsmöglichkeiten der kontinuierlichen Thermodynamik auf Phasengleichgewichte von Polymerlösungen sind damit keineswegs erschöpft. So führt Samil Beret, West Virginia, USA, einer der führenden Experten auf dem Gebiet der Polymerlösungen, im letzten Jahr auf der internationalen Tagung über Phasengleichgewichte in der chemischen Industrie [3] unter 4 Problemen, deren Lösung von großer industrieller Bedeutung ist, die folgenden beiden an:

- Ermittlung der Verteilung von Makromolekülen zwischen zwei flüssigen Phasen.
- Behandlung von „Block"-Copolymeren in Phasengleichgewichtsberechnungen.

Beide Probleme sind mit der kontinuierlichen Thermodynamik zu behandeln. Das erste wurde oben in den Grundzügen diskutiert, das zweite erfordert die Einführung mehrdimensionaler Verteilungsfunktionen, die die Zusammensetzung der Copolymeren beschreiben.

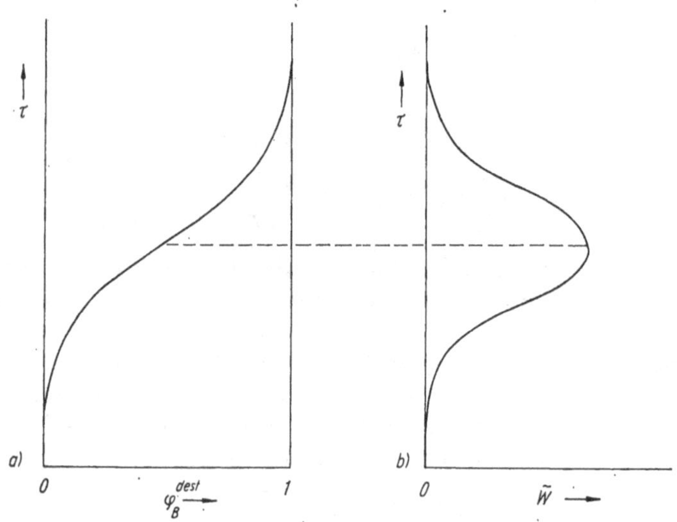

Abb. 4 Zusammenhang zwischen wahrer Siedekurve (a) und Verteilungsfunktion (b)

Die Anwendung der kontinuierlichen Thermodynamik ist nicht auf Polymerlösungen beschränkt; im Gegenteil: sie ist bei allen sog. „komplexen" Vielstoffgemischen einsetzbar, d.h. bei Gemischen, die eine so große Zahl einander sehr ähnlicher Stoffe enthalten, daß es sehr schwierig oder praktisch unmöglich ist, die verschiedenen chemischen Species zu trennen und quantitativ zu bestimmen. Hier sind insbesondere zu nennen: Erdöl und seine Fraktionen, auf Kohlebasis gewonnene Kohlenwasserstoffgemische sowie funktionalisierte Kohlenwasserstoffgemische. Die größte Bedeutung dürfte die kontinuierliche Thermodynamik für die destillative Trennung von Erdöl besitzen.

Als Stoffcharakterisierungsparameter bietet sich statt der Molmasse die Siedetemperatur an, die wir mit τ bezeichnen. Die Verteilungsfunktion erhalten wir aus der zur Charakterisierung von Erdölfraktionen üblicherweise benutzten wahren Siedekurve (Abb. 4). Sie wird gewonnen durch Destillation der betreffenden Erdölfraktion an einer Kolonne sehr hoher theoretischer Bodenzahl bei hohem Rücklaufverhältnis. Aufgetragen wird die Siedetemperatur τ, d.h. die Kopftemperatur der Kolonne, in Abhängigkeit von der überdestillierten Menge $\varphi_{\mathrm{B}}^{\mathrm{dest}}$ (gemessen als Bruchteil der ursprünglich eingesetzten Menge). Der in der Abbildung gezeigte Verlauf ist zumindest für einfache Fälle charakteristisch. Betrachten wir diese Kurve von der Seite der τ-Achse her, so wird deutlich, daß sie nichts anderes darstellt als eine integrale Verteilungsfunktion: Gibt man einen bestimmten τ-Wert vor, so ist der zugehörige $\varphi_{\mathrm{B}}^{\mathrm{dest}}$-Wert der Bruchteil aller Species mit Siedetemperaturen, die kleiner als der vorgegebene τ-Wert sind. Durch Differentiation nach τ erhalten wir somit die (differentielle) Verteilungsfunktion (woran sich noch eine Umrechnung von Volumen- oder Massenanteilen in Stoffmengenanteile anschließt). Der Wendepunkt der Ausgangskurve entspricht dabei dem Extremum der differenzierten Kurve.

Unter Verwendung der so erhaltenen Verteilungsfunktion soll nun das Verdampfungsgleichgewicht als Grundelement der Destillation behandelt werden. Den Ausgangspunkt der Betrachtung bildet die Gleichheit der chemischen Potentiale in der gasförmigen (V) und der flüssigen (L) Phase für alle τ-Werte aus dem auftretenden τ-Bereich (d. h. zwischen dem Siedebeginn τ_a und dem Siedeende τ_b):

$$\mu_{\mathrm{B}}^{V}(\tau) = \mu_{\mathrm{B}}^{L}(\tau); \quad \tau \in [\tau_a, \tau_b]$$

Durch analoge Umformungen wie im entsprechenden diskontinuierlichen Fall erhält man als Grundgleichung zur Behandlung des Verdampfungsgleichgewichtes

$$PW^{V}(\tau) = W^{L}(\tau) f_{\mathrm{B}}^{L}(\tau, T, P, W^{L}) P_{*}(\tau, T) e^{-k(\tau)}$$

P ist der Gleichgewichtsdruck, $W^{V}(\tau)$ die Verteilungsfunktion in der gasförmigen und $W^{L}(\tau)$ die in der flüssigen Phase, f_{B}^{L} der Aktivitätskoeffizient und $P_{*}(\tau, T)$ der Dampfdruck der reinen, durch die Siedetemperatur τ charakterisierten Species bei der aktuellen Temperatur T. $k(\tau)$ stellt die sog. Realgaskorrektur dar.

Im allereinfachsten Fall können wir die Realgaskorrektur vernachlässigen ($k = 0$) und die flüssige Phase als ideal betrachten ($f_B^L = 1$). Dann reduziert sich die obige Beziehung auf die kontinuierliche Version des RAOULTschen Gesetzes:

$$PW^V(\tau) = W^L(\tau)\, P_*(\tau, T); \quad PX_i^V = X_i^L\, P_{i*}(T).$$

Rechts ist die diskontinuierliche Form angegeben: Statt der kontinuierlich veränderlichen Variablen τ tritt der diskontinuierlich veränderliche Index i auf. Durch Integration über den gesamten τ-Bereich (Summation über alle Species i im diskontinuierlichen Falle) ergibt sich der Gleichgewichtsdruck, denn die Verteilungsfunktion W^V für die Gasphase (der Molenbruch X_i^V) hebt sich bei der Integration (Summation) wegen der Normierung auf 1 heraus:

$$P = \int_{\tau'} W^L(\tau')\, P_*(\tau', T)\, d\tau'; \qquad P = \sum_j X_j^L\, P_{j*}(T).$$

Setzt man diesen Ausdruck für den Druck in das RAOULTsche Gesetz ein, so erhält man nach Division für die Verteilungsfunktion in der Gasphase $W^V(\tau)$ (den Molenbruch in der Gasphase X_i^V)

$$W^V(\tau) = \frac{W^L(\tau)\, P_*(\tau, T)}{\int_{\tau'} W^L(\tau')\, P_*(\tau', T)\, d\tau'}; \quad X_i^V = \frac{X_i^L P_{i*}(T)}{\sum_j X_j^L\, P_{j*}(T)}.$$

Nach diesen Beziehungen kann man aus der Verteilungsfunktion der flüssigen Phase $W^L(\tau)$ (den Molenbrüchen X_i^L) den Gleichgewichtsdruck P und die Verteilungsfunktion in der Gasphase $W^V(\tau)$ (die Molenbrüche X_i^V) errechnen.

Im folgenden sollen die kontinuierlichen Beziehungen in einem Spezialfall angewendet werden. Der Dampfdruck der reinen Molekülart mit der Siedetemperatur τ sei gegeben durch

$$P_*(\tau, T) = P^+ \exp\,[A(1 - \tau/T)]$$

$$P^+ = 101{,}325\ \text{kPa}; \quad A \approx 10{,}6.$$

Diese Gleichung folgt aus der CLAUSIUS-CLAPEYRONschen Beziehung unter Verwendung der TROUTONschen Regel. Die Verteilungsfunktion in der flüssigen Phase soll eine GAUSSsche Glockenkurve sein

$$W^L(\tau) = \frac{1}{\sqrt{2\,\pi}\,\sigma^L} \exp - \left[\frac{(\tau - \theta^L)^2}{2\sigma^{L^2}}\right]$$

wobei θ^L die Abszisse des Maximums und σ^L die Standardabweichung sind. In diesem Fall kann die Integration in geschlossener Form durchgeführt werden und man erhält

$$P = P^+ \exp\,[A\,(1 - \theta^L/T) + \sigma^{L^2} A^2/2T^2]$$

$$W^V(\tau) = \frac{1}{\sqrt{2\pi}\,\sigma^V} \exp\left[-\frac{(\tau - \sigma^V)^2}{2\sigma^{V^2}}\right]$$

$$\theta^V = \theta^L - \frac{\sigma^{L^2} A}{T}; \quad \sigma^V = \sigma^L$$

Der Gleichgewichtsdruck ist durch eine einfache geschlossene Formel gegeben. Die Verteilungsfunktion in der Gasphase ist wieder eine GAUSSsche Glockenkurve; die Abszisse des Maximums θ^V ist ganz einfach aus θ^L berechenbar und die Standardabweichung ist dieselbe wie bei der Flüssigphasenverteilungsfunktion.

An diesem Beispiel wird ein wesentlicher Vorteil der kontinuierlichen Thermodynamik gegenüber der herkömmlichen diskontinuierlichen Theorie deutlich. Die einzelnen Species werden durch eine — oder notfalls auch mehrere - kontinuierliche Variable charakterisiert, so daß nach dieser Variablen differenziert, integriert, in eine Reihe entwickelt werden kann usw. Dadurch können auch in relativ komplizierten Fällen geschlossene Formeln erhalten werden, während die diskontinuierliche Thermodynamik bei Summen stehen bleiben muß, die nur einer numerischen Behandlung zugänglich sind.

Zusammenfassung

Eine kontinuierliche Version der chemischen Thermodynamik wurde erarbeitet, wobei an die Stelle der Molenbrüche individueller Komponenten eine kontinuierliche Verteilungsfunktion tritt.

Die Idee, kontinuierliche Verteilungsfunktionen zur Beschreibung von Phasengleichgewichten heranzuziehen, erscheint relativ naheliegend, so daß schon früher Versuche in dieser Richtung unternommen wurden, und zwar unabhängig voneinander von HOFFMAN [4] und ROTH [5]. Von beiden Autoren wurde das Verdampfungsgleichgewicht von Erdölfraktionen betrachtet, allerdings nur für den allereinfachsten Fall einer idealen Mischung und der Beschreibbarkeit der Verteilungsfunktionen durch die GAUSSsche Glockenkurve. Wie die Verallgemeinerung auf den Fall der Nichtidealität vorzunehmen ist, blieb offen. Beziehungen zum Gesamtgebäude der Thermodynamik wurden nicht oder nur andeutungsweise hergestellt. Im Gegensatz dazu wird hier ein konsistentes Gebäude einer kontinuierlichen Thermodynamik errichtet, wobei sich als wichtigste Anwendung die Betrachtung des Entmischungs- und des Verdampfungsgleichgewichtes ergibt.

Bezüglich des Entmischungsgleichgewichtes von Polymerlösungen konnte die kontinuierliche Thermodynamik mit Erfolg angewendet werden und führte zu einer wesentlichen Verkürzung der Rechenzeit.

Das wichtigste und zukunftsträchtigste Anwendungsgebiet dürfte die Destillation von Erdöl und anderen Kohlenwasserstoffgemischen sein. Gerade heute, wo man sich angesichts der Erdölverknappung darum bemüht, zur besseren Ausnutzung die Schnittgrenzen der Erdölfraktionen anders zu legen als bisher üblich, kommt einer genaueren Vorausberechnung besondere Bedeutung zu. Auf diesem Gebiet sind wir noch nicht so weit, eine klare Erfolgsmeldung ab-

abgeben zu können; wir bemühen uns aber mit aller Kraft darum. Das Hauptproblem ist gegenwärtig experimenteller Natur. Bei der Untersuchung des Elementarschrittes der Destillation, des Verdampfungsgleichgewichtes, fallen nur geringe Mengen der koexistierenden Phasen an, die es genau zu charakterisieren gilt. Neben der wahren Siedekurve ziehen wir hierzu jetzt auch die Gaschromatographie heran.

Literatur

[1] Kehlen, H., u. M. T. Rätzsch: Proc. 6th Int. Conf. Thermodyn., Merseburg 1980, 41.

[2] Kehlen, H., Rätzsch, M. T., u. J. Bergmann: AIChE-J., im Druck.

[3] Beret, S.: Proc. 2. Internat. Conf. „Phase Equilibria and Fluid Properties in the Chemical Industry", Berlin (West) 1980, Teil II, S. 535.

[4] Hoffman, E. J.: Chem. Engng. Sci. **23** (1968) 957; **24** (1969) 113, 1734.

[5] Roth, H.: Chem. Techn. **20** (1968) 77; **24** (1972) 293, 357, 547, 626.

Barbara Sandner

Ein Vorschlag zur Anwendung von Molenbrüchen als Konzentrationsmaß in der chemischen Reaktionskinetik

Von den Konzentrationsmaßen, die zur Charakterisierung der chemischen Zusammensetzung einer Mischung üblicherweise angewendet werden,

- dem Molenbruch
- der molaren Massekonzentration in 1000 g Lösungsmittel
- der molaren Volumenkonzentration in 1000 cm³ Gesamtmischung

wird in der chemischen Reaktionskinetik praktisch ausschließlich die letztere, die molare Volumenkonzentration, verwendet. Die Gleichgewichtskonstanten von chemischen Reaktionen in flüssiger Phase gibt man in manchen Fällen molenbruchbezogen, in anderen auf molare Volumenkonzentrationen bezogen an.

Zur Erläuterung dieses Anliegens soll noch einmal kurz auf die bekannten Zusammenhänge zwischen den genannten Größen hingewiesen werden.

In einer binären Mischphase ist der Molenbruch x der Komponente 2:

$$x_2 = \frac{V_1 c_2}{c_2(V_1 - V_2) + 1000}$$

mit

V_1 und V_2 = Molvolumina der Komponenten 1 und 2 in cm³/mo

c_2 = molare Volumenkonzentration der Komponente 2 in mol/l

Ein linearer Zusammenhang zwischen Molenbruch und molarer Konzentration besteht nur dann, wenn 1. c_2 sehr klein, d.h. die Lösung hochverdünnt ist, und damit $c_2 (V_1 - V_2) \ll 1000$ ist oder 2. $V_1 = V_2$ ist.

Betrachtet man die Gleichgewichtsreaktion

$$\nu_A A + \nu_B B + \ldots \rightleftharpoons \nu_N N + \nu_M M + \ldots$$

so ist

$$K_x = x_N^{\nu_N} \cdot x_M^{\nu_M} \ldots / x_A^{\nu_A} \cdot x_B^{\nu_B} \ldots$$

und

$$K_c = [N]^{\nu_N} \cdot [M^{\nu_N} \ldots / [A]^{\nu_A} \cdot [B]^{\nu_B}] \ldots$$

$$K_x = K_c \cdot \left(\frac{V_m}{1000}\right)^{\Sigma\nu}$$

V_m = Molvolumen der Mischung in cm³/mol

Wenn die Summe der stöchiometrischen Koeffizienten ν einer Gleichgewichtsreaktion verschieden von Null ist, ist der numerische Wert von K_c vom Molvolumen der Reaktionsmischung abhängig. Bei idealen Mischungen bleibt K_x über den gesamten möglichen Zusammensetzungsbereich konstant. K_c ist in diesem Zusammensetzungsbereich nur dann konstant, wenn sich das Molvolumen der Mischung nicht ändert, anderenfalls kann Konstanz nur in hochverdünnter Lösung in Lösungsmitteln gleicher Molvolumina erwartet werden.

Folgt man für eine Reaktion

$$A + B \underset{k_{-1}}{\overset{k_1}{\rightleftharpoons}} C^* \xrightarrow{k_2} AB \qquad \frac{k_1}{k_{-1}} = K^*$$

der Theorie des Übergangszustands, so ist die Reaktionsgeschwindigkeit R proportional der Konzentration des aktivierten Komplexes C^*:

$$R = k_2\,[C^*]$$

$[C^*]$ kann durch $[C^*] = K_c^*\,[A]\,[B]$ ersetzt werden:

$$R = k_2 \cdot K_c^*[A]\,[B] = k_r\,[A]\,[B]$$

K_c^* ist aber, wie wir vorher festgestellt haben, auch bei idealem Mischungsverhalten nicht konstant, wenn sich das Molvolumen der Reaktionsmischung durch Variation von $[A]$ und/oder $[B]$ oder der Lösungsmittelart ändert, folglich können auch k_r bzw. R nicht konstant sein. k_r[l/mol s^{-1}] ist z.B. bei gleichen Werten von $[A]$ und $[B]$ in zwei Lösungsmitteln mit unterschiedlichen Molvolumina kleiner in dem Lösungsmittel mit dem kleineren Molvolumen, was folgendes Beispiel verdeutlicht:

$[A] = [B]$ mol/l	$x_A = x_B$	$[S]$ mol/l	k_x s^{-1}	R_x s^{-1}	k_r [l/mol s]	R [mol/l s]
1	0,1	8	1	10^{-2}	0,1	0,1
1	0,05	18	1	$2{,}5 \cdot 10^{-3}$	0,05	0,05

Ein derartiger formaler Lösungsmitteleffekt kann natürlich nur dann experimentell beobachtbar sein, wenn das System ideales Mischungsverhalten aufweist. Reaktionssysteme, an denen Ionen und/oder neutrale dipolare Moleküle beteiligt sind, erfüllen diese Forderung nicht. Die an solchen Systemen gefundenen Lösungsmitteleffekte gehen häufig um einige Größenordnungen über das hinaus, was man bei Änderung von Mischungsmolvolumina erwarten könnte. Ihre Interpretation gelingt im allgemeinen auf der Basis von Wechselwirkungen des Lösungsmittels mit Reaktanten und/oder aktivierten Komplexen.

Radikalreaktionen, besonders die von C-Radikalen, sind dagegen als wenig lösungsmittelempfindlich bekannt. Das gilt auch für eine Reihe radikalischer Polymerisationsreaktionen mit folgenden Elementarreaktionen, die die Geschwindigkeit der Reaktion bestimmen:

$$\begin{array}{ll} \text{Initiatorzerfall:} & I \xrightarrow{k_d} 2R\cdot \\ \text{Wachstum:} & R\cdot + M \xrightarrow{k_p} R - M\cdot \\ \text{Abbruch:} & R\cdot + R \xrightarrow{k_t} P \end{array}$$

Bei Annahme einer stationären Radikalkonzentration ist die Bruttopolymerisationsgeschwindigkeit

$$R_p = k_p\,(2\,fk_d)^{0,5}\,k_t^{-0,5}\,[I]^{0,5}\,[M]$$

f = Radikalausbeutefaktor

Bei der radikalischen Polymerisation von einigen Vinylmonomeren fand man nun Lösungsmitteleffekte in der Form, daß R_p nicht proportional $[M]^1$, sondern der Exponent größer oder auch kleiner als 1 war. Abweichungen des Initiatorexponenten von 0,5 werden dagegen nur selten beobachtet. In einigen Fällen konnte festgestellt werden, daß die Zerfallkonstante k_d des Initiators lösungsmittelabhängig ist, aber die gefundenen Effekte waren zu schwach, als daß sie die R_p-Abhängigkeit von $[M]$ erklären konnten. Man hat zu ihrer Interpretation daher außerdem noch folgende Zusatzeffekte diskutiert:

- Komplexbildung oder spezifische Solvatisierung der wachsenden Radikale mit dem Monomer bzw. Lösungsmittel [1-3]
- die Beteiligung heißer Radikale an der Wachstumsreaktion [4]
- degradative Kettenübertragung [5]
- diffusionskontrollierten Kettenabbruch [6]
- Primärradikalabbruch [7]
- den Solvatationszustand der wachsenden Makroradikale [2].

Besonders umfassende Literaturangaben liegen dazu für die mit Azodiisobutyronitril initiierte Styrenpolymerisation vor [1-3, 8]. Eine Entscheidung für oder gegen einen der vorgeschlagenen Zusatzeffekte zur Erklärung der Lösungsmitteleinflüsse ergab sich daraus bisher aber nicht.

Tabelle 1 Monomerexponenten m der Polymerisation von n-Alkylmethacrylaten in Benzen bei 30 °C [9] und Molvolumina V_M der Methacrylate bei 20 °C

Alkyl-C-Zahl	m	V_M [cm³/mol]
1	1,1 ± 0,1	106,2
4	1,2 ± 0,1	159,1
8	1,4 ± 0,1	225,3
12	1,7 ± 0,1	291,3
16	1,9 ± 0,1	357,2

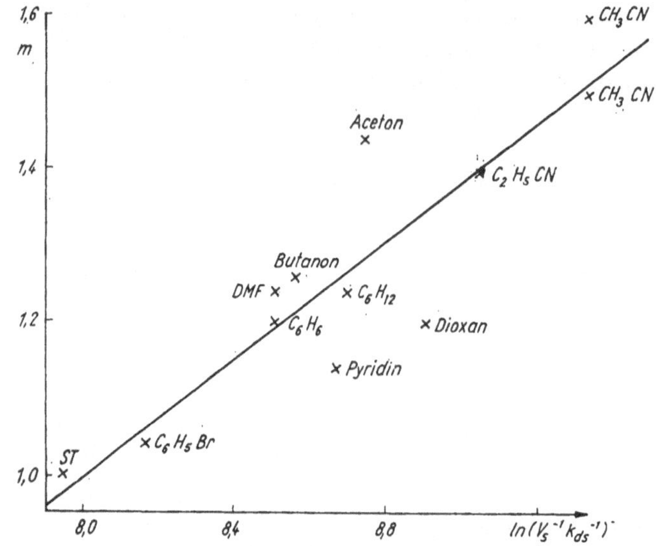

Abb. 1 Zusammenhang zwischen Monomerexponenten m der Styren-Polymerisation bei 50 °C [2, 3, 8] und den Molvolumina V_s [cm³/mol] der Lösungsmittel bei 20 °C sowie den Zerfallkonstanten k_{ds} von AIBN in diesen Lösungsmitteln bei 50 °C

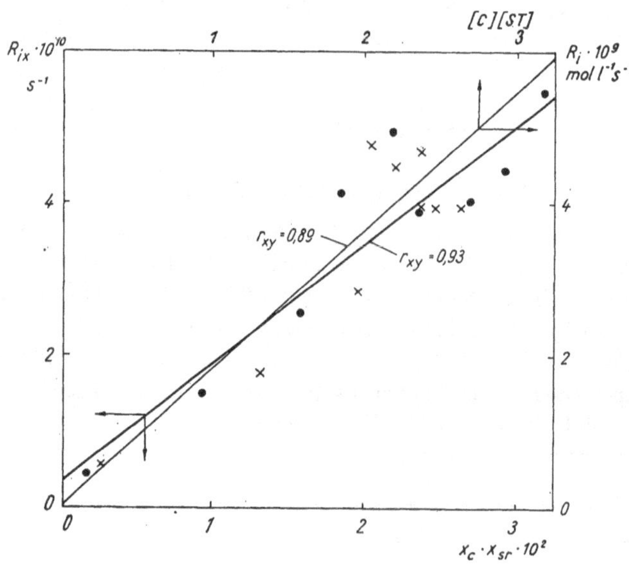

Abb. 2 Zusammenhang zwischen der Initiierungsgeschwindigkeit R_i der thermischen Acrylnitril-Styren-Copolymerisation und der Konzentration des Monomer-EDA-Komplexes C sowie von freiem Styren [10] in Gegenwart von $ZnCl_2$ bei 60 °C

Ich möchte nun zeigen, daß ihre Annahme auch gar nicht erforderlich ist, wenn neben der Änderung von k_d in den verschiedenen Lösungsmitteln deren unterschiedliche Molvolumina V_s berücksichtigt werden (Abb. 1). Der gefundene lineare Zusammenhang zwischen dem Monomerexponenten m der Styrenpolymerisation und ln V_s bedeutet, daß bei Verwendung molenbruchbezogener Polymerisationsgeschwindigkeiten der Monomerexponent gleich 1 würde.

Die von Platé und Ponomarenko [9] für die Polymerisation einer Reihe von n-Alkylmethacrylaten in Benzen angegebenen Monomerexponenten (Tab. 1) lassen sich ebenfalls auf Werte von 1 zurückführen, wenn die Änderungen der Molvolumina der Methacrylate mit steigender Alkyl-C-Zahl berücksichtigt werden.

In einer früheren Arbeit [10] hatten wir bei der Untersuchung der Geschwindigkeit der Acrylnitril-Styren-Copolymerisation in Gegenwart von $ZnCl_2$ ohne Lösungsmittel festgestellt, daß sich bei Verwendung von Molenbrüchen die Korrelationen zwischen Konzentrations- und Geschwindigkeitsänderungen verbessern. Das läßt sich am Beispiel der Geschwindigkeit R_i der Initiierungsreaktion, die spontan, d.h. ohne Radikalbildnerzusatz abläuft, zeigen (Abb. 2). Analog zum aufgeklärten Initiierungsmechanismus der thermischen Styrenhomopolymerisation postulierten wir, daß die Radikalbildung durch Reaktion von Styren mit dem EDA-Komplex aus Styren und Acrylnitril erfolgt. Die EDA-Komplexbildungskonstante hatten wir durch unabhängige Messungen UV-spektroskopisch ermittelt [11].

Tabelle 2 Geschwindigkeitskonstanten der Dimerisation von Cyclopentadien [12]

Lösungsmittel	$k \cdot 10^6$ l mol^{-1} s^{-1}	$k_x \cdot 10^5$ s^{-1}
n-BuOH	5,4	5,9
t-BuOH	5,1	5,4
n-PrOH	4,7	6,3
EtOH	4,6	7,8
MeOH	3,1	7,5
CCl_4	3,8	4,0
$CHCl_3$	3,1	3,9
CH_2Cl_2	2,6	4,0
C_6H_6	3,9	4,4
$C_6H_5CH_3$	4,0	3,8
C_6H_5Cl	4,8	4,8
Dioxan	2,9	3,4
THF	2,5	3,1
EtOEt	2,5	2,4
Aceton	2,1	2,8

Ähnlich schwache Lösungsmitteleffekte wie bei Radikalreaktionen sind für DIELS-ALDER-Reaktionen bekannt. Die Geschwindigkeitskonstanten der DIELS-ALDER-Dimerisierung von Cyclopentadien bestimmten CÖSTER und PFEIL [12] in einer Reihe von Lösungsmitteln (Tab. 2). Die aus den experimentellen Angaben berechneten molenbruchbezogenen Werte weisen innerhalb von Lösungsmittelgruppen ähnlicher chemischer Natur besser übereinstimmende Werte auf als die k-Werte mit der Dimension $1\ mol^{-1}\ s^{-1}$, besonders klar bei den Chlorkohlenwasserstoffen.

Deutlich wird an diesem Beispiel, daß außerdem Aktivitätsunterschiede des Cyclopentadiens in den verschiedenen Lösungsmitteln berücksichtigt werden müßten. Das wäre auch für polymerisationskinetische Untersuchungen von besonderer Bedeutung, weil die Monomerkonzentrationen im allgemeinen über sehr breite Bereiche variiert werden und sich Monomer/Lösungsmittel-Mischungen meistens nicht wie thermodynamisch ideale Mischphasen verhalten [13–15]. In der Polymerisationskinetik fanden diese Probleme bisher noch kaum Beachtung.

Für den Hinweis auf die Konzentrationsabhängigkeit von Geschwindigkeitskonstanten danke ich Herrn Prof. BITTRICH. Herrn Prof. PHILIPP und Herrn Prof. ULBRICHT gilt mein Dank für Diskussionen und das Interesse an dieser Problematik.

Literatur

[1] HENRICI-OLIVÉ, G. u. OLIVÉ, S.: Z. Phys. Chemie, Neue Folge **48** (1966) 35–50.

[2] KOSHEVNIKOV, N. W. u. STEPUCHOVITSCH, A. D.: Vysokomol. Soed. A **21** (1979) 1593–1599.

[3] RUSSO, S.: J. Macromol. Sci., Chem. A **9** (1975) 1385–1397.

[4] CZAJLIK, I., FÖLDES-BEREZSNICH, T., TÜDÖS, F., u. a.: Europ. Polymer J. **14** (1978) 1059–1066.

[5] ULBRICHT, J.: Habilitationsschrift TH Merseburg 1964.

[6] YOKOTA, K. u. ITOH, M.: J. Polymer Sci., Part B **6** (1968) 825–830.

[7] DEB, C. P. u. GABA, I. D.: Makromol. Chem. **179** (1978) 1559–1564.

[8] HENRICI-OLIVÉ, G., u. OLIVÉ, S.: Makromol. Chem. **42** (1960) 251–252.

[9] PLATÉ, N. A., u. PONOMARENKO, A. G.: Vysokomol. Soed. A **16** (1974) 2635–2645.

[10] SANDNER, B., BISCHOFF, C. u. RAFLER, R.: Acta Polymerica **31** (1980) 363–367.

[11] SANDNER, B., KRÄMER, S., BUI-THI AN u. LINOW, K.-J.: Acta Polymerica **31** (1980) 304–309.

[12] CÖSTER, G. u. PFEIL, E.: Chem. Ber. **101** (1968) 4248–4253.

[13] BERGER, W., SCHMIDT, H. u. a.: Faserforsch. u. Textiltechnik, Z. Polymerforsch. **27** (1976) 513–515.

[14] RÄTZSCH, M. T., RICKELT, E., u. ROSNER, H.: Z. Phys. Chemie (Leipzig) **255** (1974) 933–946.

[15] ZAFAR, M. M. u. CHANDRY, G. N.: Z. Phys. Chemie (Leipzig) (1978) **259**, 813–816

ISSN 0138–3956

MIX
Papier | Fördert
gute Waldnutzung
FSC® C083411

Zeitfracht Medien GmbH
Ferdinand-Jühlke-Straße 7
99095 Erfurt, Deutschland
produktsicherheit@kolibri360.de